水肥一体化技术图解系列丛书

甘蔗
水肥一体化技术图解

严程明　张承林　编著

U0274764

中国农业出版社

图书在版编目（CIP）数据

甘蔗水肥一体化技术图解 / 严程明，张承林编著.
—北京：中国农业出版社，2018.3（2020.10重印）
（水肥一体化技术图解系列丛书）
ISBN 978-7-109-23850-3

Ⅰ．①甘… Ⅱ．①严… ②张… Ⅲ．①甘蔗 – 肥水管
理 – 图解 Ⅳ.①S566.1-64

中国版本图书馆CIP数据核字（2018）第008740号

中国农业出版社出版
（北京市朝阳区麦子店街18号楼）
（邮政编码 100125）
责任编辑 魏兆猛

中农印务有限公司印刷 新华书店北京发行所发行
2018年3月第1版 2020年10月北京第2次印刷

开本：787mm × 1092mm 1/24 印张：$2\frac{1}{3}$
字数：60千字
定价：15.00元
（凡本版图书出现印刷、装订错误，请向出版社发行部调换）

　　甘蔗是多年生旱地作物，在我国栽培面积超过1 000万亩*，主要分布在广东、广西、云南、四川、湖南等地。目前在甘蔗栽培上主要存在下列问题：①单产低：大部分蔗田的单产为每亩3～4吨，而管理水平高的蔗田产量可达10～12吨，表明甘蔗存在巨大的增产潜力。由于土地资源紧张，提高总产不能指望扩大种植面积，只有应用新的栽培技术。②季节性干旱和局部干旱：如广东的雷州半岛作为甘蔗产区，是典型的旱区，甘蔗快速生长的季节缺水会严重阻碍甘蔗的生长。③倒伏：倒伏会严重影响产量。引起倒伏的原因主要是台风及甘蔗根系过浅。④劳动力短缺及劳动力价格上涨：目前在蔗区，甘蔗的播种、施肥、灌溉、喷药、收获等管理环节主要依赖人工，而农村劳动力短缺（特别是青壮年劳动力）、劳动力价格逐年上涨，影响了甘

---

　　* 亩为非法定计量单位，1亩=1/15公顷，下同。——编者注

蔗产业的发展。因此，机械化是我国甘蔗生产的根本出路。⑤病虫害防治难： 甘蔗螟虫、金龟子、线虫、天牛等是甘蔗的主要害虫，特别是根部的虫害防治非常困难，无法施药。⑥追肥困难： 甘蔗长势旺盛，特别在封行后人很难进入田间进行管理。为了施肥方便，普遍重基肥、轻追肥，导致施肥措施与甘蔗的需肥规律不同步，大大降低了肥料的利用率。⑦灌溉困难：我国主要的甘蔗产区基本分布在缓坡地，不能采用常规的漫灌和沟灌。即使安装了拖管淋灌系统，由于后期封行，人无法进入田间，因此在灌溉方面仍完全依赖天然降雨。

　　水肥一体化技术具有省工、节水、节肥、高效、高产、环保的优点，一些国家早已在甘蔗生产上推广应用。据报道，使用滴灌施肥技术可以使甘蔗产量每亩达10～12吨，肥料用量减少30%～50%。通过滴灌还可以施药于根部，控制地下害虫，以及施内吸性农药控制病虫害。我国在甘蔗上进行了多年多种模式的水肥一体化技术试验示范，取得了不错的效果。甘蔗水肥一体化技术涉及一些基本知识和技术细节，农户迫切需要一本通俗易懂、图文并茂、可操作性强的技术图册来指导田间操作。

由于受篇幅所限，本书只能概括性地介绍水肥一体化技术相关的基本知识、设备、肥料和技术。而且各种植区气候、土壤、水质、品种也存在差异，读者在阅读时可根据当地实际情况酌情调整，尤其是施肥方案仅作为田间操作的参考。

　　本书由严程明、张承林负责编写。书中插图由林秀娟绘制，在编写过程中得到华南农业大学作物营养与施肥研究室邓兰生、涂攀峰、李中华、徐焕斌、程凤娴、官利兰等同事的大力帮助，在此表示衷心的感谢。

目 录
CONTENTS

水肥一体化技术的基本原理

　　甘蔗的生长离不开五大生长要素：光照、温度、空气、水分和养分。光照、温度和空气主要受气候及其他自然环境的影响，人为很难在露天情况下进行改变，而水分和养分则完全可以受到人为调控，使其处于较适宜甘蔗生长的状态。所以，合理的灌溉和施肥是甘蔗高产、高效、优质生产的重要保障。

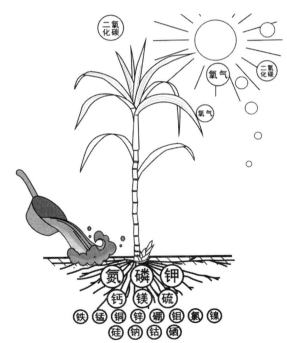

大量元素：氮、磷、钾。

中量元素：钙、镁、硫。

微量元素：铁、硼、铜、锰、
　　　　　钼、锌、氯、镍。

有益元素：硅、钠、钴、硒。

水肥一体化技术满足了"肥料要溶解后根系才能吸收"的基本要求。在实际操作时,将肥料溶解在灌溉水中,由灌溉管道输送给田间的每一株作物,作物在吸收水分的同时吸收养分,即灌溉和施肥同步进行。

水肥一体化有广义和狭义的理解。广义的水肥一体化就是灌溉与施肥同步进行,狭义的水肥一体化就是通过灌溉管道施肥。

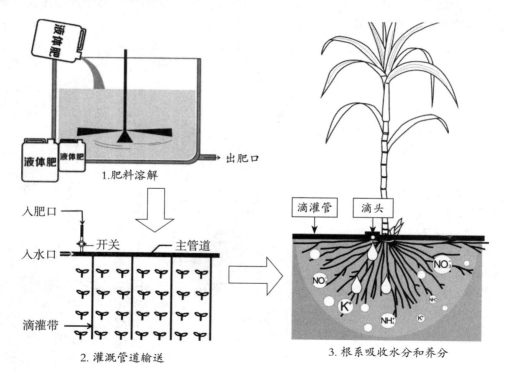

1.肥料溶解

2.灌溉管道输送

3.根系吸收水分和养分

　　根系主要吸收离子态养分，肥料只有溶解于水后才能变成离子态养分。所以，水分是决定根系能否吸收到养分的决定性因素。没有水的参与，根系就吸收不到养分。肥料必须要溶解于水后根系才能吸收，不溶解的肥料是无效的，而且肥料一定要施到根系所在范围。叶片也可以吸收离子态养分，但吸收数量有限。主要通过叶片补充微量元素。

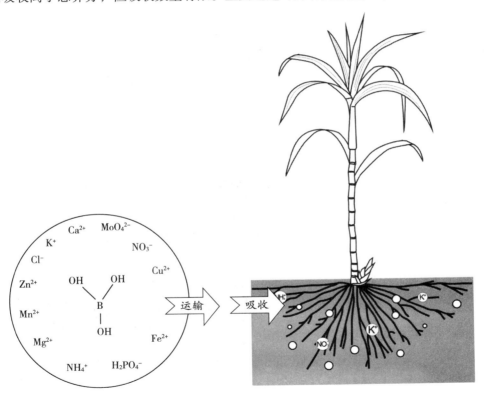

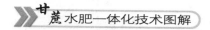

甘蔗生产的主要灌溉形式

滴灌

滴灌是指具有一定压力的灌溉水，通过滴灌管输送到田间每株甘蔗，管中的水流通过滴头出来后变成水滴，连续不断的水滴对根区土壤进行灌溉，如果灌溉水中加了肥料，则滴灌的同时也在施肥。

> 滴灌是一种局部灌溉的方式，它灌溉的目的是为了浇作物，保证作物生长需要的水分。施肥是对根区施肥，而不是对土壤施肥。
>
> 肥料是跟着水走的，滴灌施肥的时候，切忌不要时间太长哦，否则水和肥料都跑到根区下方了，不仅肥水白白浪费，而且甘蔗生长过程中需要的水和养分也得不到满足。

钙 钼 氯 硼
氮 镁 硫 磷 铜 钾 铁 锰 锌

NO₃⁻
K⁺
NH₄⁺
K⁺
NH₄⁺

湿润区

干土区

甘蔗滴灌设计及技术模式

1. 地埋式滴灌

由于甘蔗是多年生作物，一次播种可以生长3～8年。每年需要收获蔗茎。如果滴灌管铺设在地面，就会存在很多问题。如甘蔗分蘖后可能会导致滴灌管扭曲，造成堵水。收获时滴灌管容易被机械损伤。

为了解决这个问题，可采用地埋式滴灌。甘蔗种植的同时，在种植机械上加装铺设滴灌管的机械，将滴灌管埋入土壤20～30厘米深度，离蔗种约25厘米的地方。甘蔗采用宽窄行种植，大行距1.2～1.3米，小行距0.5～0.6米。滴灌管埋在小行距中间下方20～30厘米深度。两条管的间距1.8米，即一条滴灌管负责两行甘蔗。地埋滴灌一般用薄壁内镶式滴灌管，滴头出水口处有防倒吸的舌片，壁厚0.4～0.9毫米，管径1毫米，滴头流量1.0～2.0升/小时，滴头间距30～50厘米。

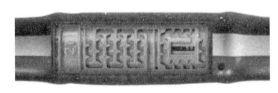

内镶圆柱滴灌管

薄壁内镶式滴灌带
及贴片式滴头

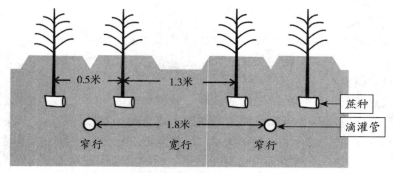

0.5米　　　1.3米

1.8米

窄行　　　宽行　　　窄行

蔗种

滴灌管

宽窄行种植地埋式滴灌管（带）埋设示意图

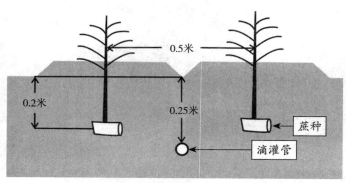

0.5米

0.2米

0.25米

蔗种

滴灌管

滴灌管及深度示意图

地埋式滴灌的优点

1. 延长滴灌系统寿命：滴灌管埋入地下后，方便大田机械化作业，没有多次回收，没有收割工具及运输机械的损坏，没有紫外线照射，大大延长滴灌系统的寿命。
2. 节省人工：不需要每年回收，方便地面机械化操作，显著节省人工。
3. 提高肥、药利用率：滴灌管埋在地下20～30厘米处，施肥、施药、灌溉更精准，肥、药、水利用率更高。
4. 提高水分利用率：地埋滴灌土面蒸发很少，大幅度提高水分的利用效率。
5. 有效防治病虫害：直接滴内吸性原药，杀灭地下害虫的虫卵及幼虫。杀灭或抑制根层土壤的有害病菌的繁殖。土壤表面干燥，不利于杂草生长及病菌繁殖。

地埋式滴灌的不足

1. 如果地下害虫防治不及时，金龟子、天牛等害虫会咬破滴灌管导致漏水，修复破损的地下滴灌管非常困难。严重时会使全部的滴灌系统直接报废。
2. 停机时的负压产生倒吸，如果滴灌管的防倒吸功能差，会导致泥土堵塞滴头的出水口，影响出水均匀性。
3. 由于无法现场测量出水的均匀性，因此必须使用质量好的滴灌管（如压力补偿式），会适量增加成本。

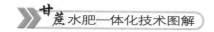

甘蔗滴灌设计及技术模式

2. 地面滴灌

由于地埋滴灌存在地下害虫的咬管等风险，也可采用地面滴灌，用一次性的滴灌带。甘蔗采用宽窄行种植，大行距1.2～1.3米，小行距0.5～0.6米。滴灌带铺在小行距中间位置。两条带的间距1.8米，即一条滴灌带负责两行甘蔗。由于是一次性使用，应壁厚选择0.2毫米，管径16毫米，滴头流量1.0～2.0升/小时，滴头间距30～50厘米的边缝式滴灌带或者薄壁贴片式滴灌带。

一般滴灌系统在播种后安装或者宿根蔗出苗前安装，主管及支管直接放在地面，可用大口径排水管或者涂塑软管。收获甘蔗时滴灌带会被损坏，但主管和支管可以完好回收，留待来年再用。地面滴灌的不足是每年都需要铺设管道，更换滴灌带。有时滴灌带会被蔗茎扭曲，导致无法滴水。好处是减少地下害虫咬管的发生。

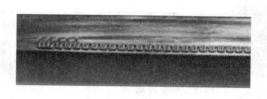

边缝式滴灌带

薄壁内镶式滴灌带及贴片式滴头

甘蔗使用一次性滴灌带

PVC排水管

薄壁滴灌带

甘蔗滴灌的优点

1. 节水：水分利用效率高，灌溉量比漫灌节省30%以上。

2. 节工：在灌溉的同时可以施肥，可以节省80%以上用于施肥的人工，大幅度降低劳动强度。施肥高效快速，施肥均匀。特别是后期封行后的施肥非常方便。

3. 节肥：减少了灌水冲失、土壤淋溶、气体挥发等损失，肥料利用率比常规提高20%以上。

用了滴灌，施肥和灌溉精准又方便，再也不用愁啦~

甘蔗滴灌的不足

1. 如果管理不好，滴头容易堵塞。
2. 一次性的设备投资较大。
3. 滴灌一般在固定面积的轮灌区可进行操作，对于不规整的地块存在安装不便问题。
4. 要求施用的肥料杂质少、溶解快。
5. 需要配套的播种铺管机械。
6. 如果是地面滴灌，甘蔗收获后需要回收滴灌带，增加人工成本。

特别提醒

　　过滤器是滴灌成败的关键设备。对于泥沙较多的水源，建议安装砂石过滤器作为第一道过滤设备，然后选择叠片式过滤器或网式过滤器作为第二道过滤设备，过滤肥料残渣，一般用120目过滤孔径。

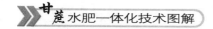
喷水带灌溉

喷水带也称水带或微喷带，是在PE软管上直接开0.5～1.0毫米的微孔出水，无需再单独安装出水器，在一定压力下，灌溉水从孔口喷出，高度几十厘米至1米。

喷水带灌溉是目前广泛应用的一种灌溉方式。喷水带规格有φ25、φ32、φ40、φ50四种，单位长度流量为每米50～150升/小时。喷水带简单、方便、实用。只要将喷水带按一定的距离铺设到田间就可以直接灌水，收放和保养方便。对灌溉水的要求显著低于滴灌，抗堵塞能力强，一般只需做简单过滤即可使用。工作压力低，能耗少。

喷水带灌溉是浇地，土面蒸发很大；同时，由于出流量很大，容易产生地面径流，渗漏损失也很大。

喷水带的田间布置模式

水带直径为32毫米，流量为80升/（米·小时）。喷水带的湿润幅度及流量与工作压力有关，不是一个固定参数。

田间甘蔗应用喷水带的场景

每带覆盖的行数	4行
带间距（米）	1.8
铺设长度（米）	50

长度 \ 压力	0.1兆帕	0.15兆帕	0.18兆帕
40米	3.00	3.60	4.20
60米	4.20	5.10	6.10
80米	6.00	7.20	8.40
100米	8.40	10.0	11.7

注：表中数字单位为米³/小时。

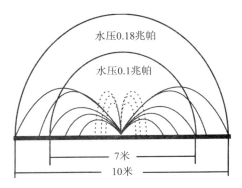

喷水带喷水压力示意图

喷水带灌溉的优点

1. 适应范围广。
2. 抗堵塞性能好（对水质和肥料的要求低）。
3. 一次性设备投资相对较少。
4. 安装简单，使用方便（用户可自己安装），维护费用低。
5. 对质地较轻的土壤（如沙地）可以少量多次快速补水，多次施肥。
6. 回收方便，可以多次使用。

喷水带灌溉的不足

1. 全区域无差别灌溉，特别在喷肥的情况下，苗期容易滋生杂草。
2. 在高温季节，容易形成高湿环境，加速病害的发生和传播。
3. 喷水带只适合平地灌溉，地形起伏不平或山坡地不宜选用。
4. 喷水带的铺设长度一般只有滴灌管的一半或更短，因此需要更多的输水支管。
5. 喷水带的管壁较薄，容易受水压、机械和生物等影响导致破损。
6. 甘蔗封行后，喷水带喷出的水受茎秆叶片的遮挡，导致灌溉和施肥不均匀。
7. 喷水带一般逐条安装开关，不设轮灌区，增加了操作成本。

喷灌机灌溉

移 动 喷 灌 机

移动喷灌机主要有三种：中心支轴式喷灌机、平移式喷灌机和卷盘式喷灌机。

目前最常使用的是中心支轴式喷灌机和平移式喷灌机，这两种喷灌机适合在大面积土地上使用，而对于中等面积的土地，可以选择卷盘式喷灌机。

> 这三种喷灌机对水源有什么要求呢？

> 中心支轴式喷灌机和卷盘式喷灌机的取水点是固定的，而平移式喷灌机的取水点是随着喷灌机的移动在不断变化，一般选择明渠取水或拖移的软管供水。

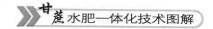

中心支轴式喷灌机

中心支轴式喷灌机是将装有喷头的管道支承在可自动行走的支架上，围绕供水系统的中心点边旋转边喷灌的大型喷灌机械。它的灌溉范围呈标准的圆形，可根据土地面积的大小来安装适宜大小的喷灌机。这种喷灌机在农业上应用广泛，从数百亩至数千亩以上的土地灌溉均适用。

中心支轴式喷灌机

中心支轴式喷灌机

中心支轴式喷灌机的优点

1. 自动化程度高：一人可同时控制多台喷灌机，灌溉省工省力，工作效率高。
2. 灌水均匀：均匀系数可达85%以上。
3. 能耗低、抗风能力强。
4. 适应性强：爬坡能力强，几乎适宜所有的作物和土壤。
5. 一机多用：可喷施化肥与农药。
6. 对水质要求低，简单过滤即可。

中心支轴式喷灌机的不足

1. 地块边角部分无法灌溉：中心支轴式喷灌机行走路线是一个圆形，对于方形地块边角部分无法灌溉。
2. 在高温季节易形成高温高湿的环境，提高病害的发生率。
3. 一次性投资较大。
4. 全区域灌溉，苗期未封行时浪费水肥。

中心支轴式喷灌机是目前使用率最高的一种喷灌机，比较适合甘蔗大面积的水肥自动化管理。

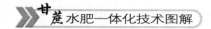

平移式喷灌机

平移式喷灌机与时针式喷灌机外形比较相似，但是它的行走轨迹是横向平移，灌溉无死角，在灌溉过程中取水点也随之而动，一般选择明渠或拖移的软管供水。这种喷灌机在农业上应用广泛，从数百亩至数千亩以上的土地灌溉均适用。

平移式喷灌机

平移式喷灌机的优点

1. 灌溉矩形地块，土地利用率高。
2. 灌水均匀度高，可避免末端地表径流问题。
3. 行走方向与种植方向一致。

平移式喷灌机

平移式喷灌机的不足

1. 结构较复杂，单位面积投资高。
2. 软管供水时需人工拆接、搬移软管。
3. 渠道供水时对地块平整度要求高。
4. 柴油发电机组供电时运行成本高。
5. 电力供电时需要专用拖移电缆，电力设计标准高。

平移式喷灌机在甘蔗田的应用

卷盘式喷灌机

卷盘式喷灌机的特点

卷盘式喷灌机

1. 结构简单紧凑，机动性强。
2. 操作简单，只需1～2人操作管理，可昼夜工作，可自动停机。
3. 控制面积大、生产效率高。
4. 便于维修保养，喷灌作业完毕可拖运回仓库保存。
5. 喷灌机要求田间留2.5～4米宽的作业道。
6. 输水PE管水头损失较大，机组入口压力较高。
7. 适合于大型农场或集约化作业。
8. 要注意单喷头工作时水滴对作物的打击。

卷盘式喷灌机在甘蔗田应用

灌溉条件下的主要施肥模式

施肥要选择合适的施肥设备和肥料，同时要求浓度一致、施肥速度可控，规模化种植还要求可以自动化。

通过灌溉管道施肥，有多种施肥方法。经常用的有泵吸肥法、泵注肥法等。下面详细介绍给大家。

液体肥

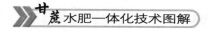

施肥过程中的肥料浓度变化有两种情况

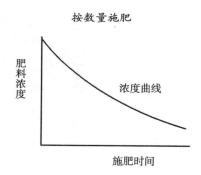

按数量施肥

肥料浓度

浓度曲线

施肥时间

按数量施肥，肥料溶液浓度随时间变小

按比例施肥

肥料浓度

肥料浓度

施肥时间

按比例施肥，肥料溶液浓度随时间保持恒定

在甘蔗的施肥操作过程中，建议按比例施肥，保持肥料溶液以均衡的浓度到达根区。

泵吸肥法

泵吸肥法是在首部系统旁边建一混肥池或放一施肥桶，肥池或施肥桶底部安装肥液流出的管道，此管道与首部系统水泵前的主管道连接，利用水泵直接将肥料溶液吸入灌溉系统。

通过调节出肥管的阀门来控制施肥速度，可快可慢。施肥浓度恒定，施肥时不会造成系统压力变化，也不用增加施肥设备。施肥进度看得见，操作简单。当在吸水管上连接多个施肥桶或池时，可以同时施多种肥料。

主要应用于用水泵对地面水源（蓄水池、鱼塘、渠道、河流等）进行加压的灌溉系统施肥，这是目前大力推广的施肥模式。如应用潜水泵加压，当潜水泵位置不深时，也可以将肥料管出口固定在潜水泵进水口处，实现泵吸肥法施肥。

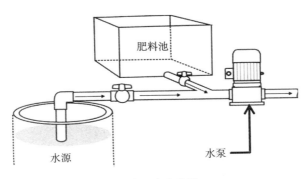

泵吸肥法示意图

　　施肥时，先根据轮灌区面积的大小计算施肥量，将肥料倒入混肥池或肥料桶。开动水泵，放水溶解肥料，同时让田间管道充满水。打开肥池出肥口的开关，肥液被吸入主管道，随即被输送到田间甘蔗的根部。

　　施肥速度和浓度可以通过调节肥池或施肥桶出肥口球阀的开关位置实现。

简易的移动首部，适合小面积甘蔗田使用

泵吸肥法的优点

1. 设备和维护成本低。
2. 操作简单方便。
3. 不需要动力就可以施肥。
4. 可以施用固体肥料和液体肥料。
5. 施肥浓度均匀，施肥速度可以控制。
6. 当放置多个施肥桶时，可以多种肥料同时施用。

泵吸肥法的不足

1. 不适合于自动化控制系统。
2. 不适合用在潜水泵放置很深的灌溉系统。

泵注肥法

泵注肥法是利用加压泵将肥料溶液注入有压管道而随灌溉水输送到田间的施肥方法。

通常注肥泵产生的压力必须要大于输水管内的水压，否则肥料注不进去。常用的注肥泵有离心泵、隔膜泵、聚丙烯汽油泵、柱塞泵（打药机配置泵）等。

对于用深井泵或潜水泵加压的系统，泵注肥法是实现灌溉施肥结合的最佳选择。

田间泵注肥法应用场景

聚丙烯汽油泵

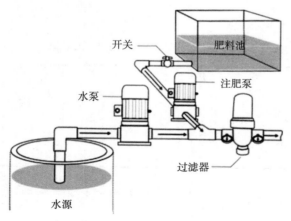

安装定时器对注肥泵自动控制

柱塞泵（打药机）

移动式泵注肥法

　　移动式泵注肥法是指在轮灌区的开关后留有注肥口，肥料桶内配置施肥泵（220伏）或肥料桶外安装汽油泵，用运输工具将肥料桶运到田间需要施肥的地方。

　　泵注肥法由于施肥方便、施肥效率高、容易自动化、施肥设备简单，在国内外得到大面积的应用。

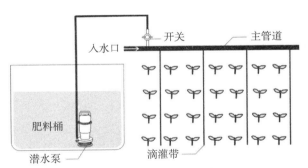

移动式泵注肥的原理图

电动喷雾器泵注肥法

对于几亩地的施肥，可采用电动喷雾器泵注肥，蓄电池驱动，该泵可以变频调速。一些用户直接用电动喷雾器注肥，将肥料溶解于背箱内，将喷嘴卸下，换成插头，具有简单、方便、实用的特点。大面积应用时可以用柱塞泵（打药机）。

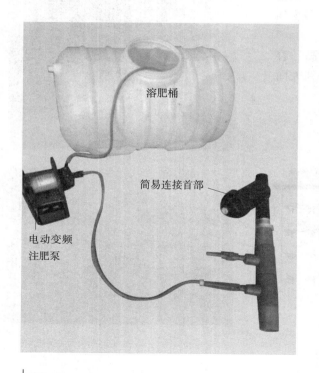

溶肥桶

简易连接首部

电动变频
注肥泵

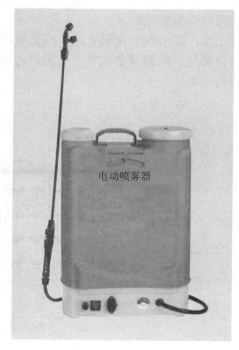

电动喷雾器

中心支轴式喷灌机、平移式喷灌机、卷盘式喷灌机必须采用按比例施肥方式。

为了确保施肥浓度均一。建议用容积式泵注肥。

柱塞泵

隔膜泵

泵注肥法的优点

1. 设备和维护成本低。
2. 操作简单方便，施肥效率高。
3. 适于在井灌区及有压水源区使用。
4. 可以施用固体肥料和液体肥料。
5. 施肥浓度均匀，施肥速度可以控制。
6. 对施肥泵进行定时控制，可以实现简单自动化。

聚丙烯汽油泵

泵注肥法的不足

1. 在灌溉系统以外要单独配置施肥泵。
2. 如经常施肥，要选用化工泵。

柱塞泵（打药机）

在灌溉面积大的情况下，为了提高工效、加快肥料的溶解，建议在肥料池内安装搅拌设备。

一般搅拌桨要用316L不锈钢制造，减速机根据池的大小选择，一般功率在1.5～3.5千瓦。也可以将化工潜水泵放入池底，不断循环搅拌。

建议淘汰施肥罐（旁通施肥罐）

施肥罐是国外20世纪80年代使用的施肥设备，现在基本淘汰。施肥罐存在很多缺陷，不建议使用。

1. 施肥罐工作时需要在主管上产生压差，导致系统压力下降。压力下降会影响灌溉系统的灌溉和施肥均匀性。
2. 通常的施肥罐体积都在几百升以内。当轮灌区面积大时施肥数量大，需要多次倒入肥料，耗费人工。
3. 施肥罐施肥肥料浓度是变化的，先高后低，无法保证均衡浓度。
4. 施肥罐施肥看不见，无法简单快速地判断施肥是否完成。
5. 在地下水直接灌溉的地区，由于水温低，肥料溶解慢。
6. 施肥罐通常为碳钢制造，容易生锈。
7. 施肥罐的两条进水管和出肥管通常流量太小，无法调控施肥速度。无法实现自动化施肥。

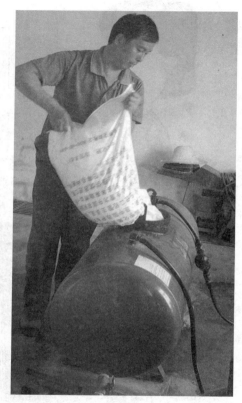

施肥罐

水肥一体化技术下甘蔗灌溉和施肥方案的制定

有了灌溉设施后，接下来最核心的工作就是制定施肥方案。只有制定合理可行的施肥方案，才能实现真正意义上的水肥综合管理。

制定甘蔗施肥方案必须清楚甘蔗的生长周期内所需的施肥量、肥料种类、肥料的施用时期等。而这些参数的确定又和甘蔗生长特性、水肥需求规律、目标产量等密切相关。

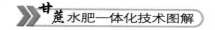
甘蔗的需水规律

甘蔗生长期长，植株高，叶面积大，全生育期每亩需水500～800米³。甘蔗叶面蒸腾占总需水量的80%左右。需水量与产量呈正相关，产量越高，需水量越大。

需水最多的时期是分蘖期至伸长阶段，占总耗水量的60%～70%，平均日耗水量3.5米³/亩左右；发芽发根期和成熟期需水量少。甘蔗吸收根主要分布在20～40厘米土层，该土层是主要的供水层。各灌溉时期计划湿润层深度为幼苗期25厘米，分蘖期30厘米，伸长期至成熟期40厘米。

　　我国甘蔗产区位于华南多雨地区，灌溉次数和灌溉水量与降雨多少密切相关。但由于降雨在时空上的分布不均匀，人工调节灌溉仍十分必要。特别是苗期，夏季的短时高温干旱及秋旱，人工灌溉会大幅度提高产量。

　　甘蔗生长的旺盛期正处于南方夏季多雨时期，经常会出现水涝，造成根系腐烂死亡、地面茎节长气根。所以蔗田要做好排水工作。

甘蔗的水分监控

有没有既简便，又实用，而且不需要使用仪器就可以判断是否需要灌溉的方法呢？

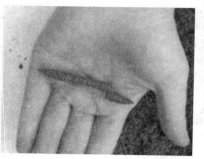

1. 对于沙土而言，将根系部位的土壤挖出来，能捏成团，则说明土壤湿度适宜，无法捏成团则说明需要补充水分。

2. 对于壤土，土壤能搓成条则说明土壤湿度适宜，无法搓成条则表明土壤水分不足，需要灌溉。

甘蔗根系主要分布在0～40厘米的土层中，其中10～30厘米土层根系分布最多，应用"灌溉深度监测仪"来指导灌溉更加方便可靠。将集水盘埋到根系分布的位置（30厘米深度），开始灌溉，当整个30厘米深度水分饱和后，部分水分进入集水盘，通过孔口进入最底端的集水管，使套管中的浮标浮起来，表明根层已灌足水，要停止灌溉。用注射器将集水管中的水抽干，浮标复位，等待指导下一次灌溉。此方法不受土壤质地及灌溉方式影响。设备经久耐用。

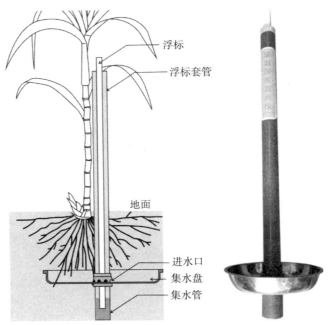

灌溉深度监测仪实物图

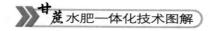

甘蔗对养分的需求规律

甘蔗的生长发育期可分为萌芽、幼苗、分蘖、伸长和成熟5个时期。资料表明，每产一吨原料蔗约从土壤吸收N 1.5～2.0千克、P_2O_5 0.5～0.7千克、K_2O 3.5～4.0千克。这个指标与品种有关，各个国家给出的数值差距较大。根据这些数据可以计算出目标产量的施肥量。目标产量计划为10吨。由于滴灌施肥可以提高肥料利用率，每亩甘蔗施肥建议为N 25千克、P_2O_5 10千克、K_2O 40千克、MgO 4千克及少量微量元素。微量元素每亩用硫酸锌2千克、硼砂1.0千克。

在给甘蔗施肥过程中，需要把握好两个时期——营养临界期和最大效率期，这是获得高产优质的先决条件。氮的营养临界期分别位于苗期、分蘖期；磷的营养临界期在苗期，此时缺磷，甘蔗的齐苗及分蘖则会受到极大影响，且茎秆纤弱，根系发育不良；钾的营养临界期在伸长期。氮的最大效率期位于伸长前期和伸长盛期；磷的最大效率期在分蘖期至旺盛生长期；钾的最大效率期在伸长盛期。这些营养规律，决定了各种养分的分配比例。有试验表明，在萌芽和幼苗时通过滴灌系统每亩滴施水溶的磷酸一铵6千克，分两次滴，对出苗率和苗的质量影响显著，因为氮、磷临界期都在苗期。

甘蔗水肥一体化技术下的肥料选择

肥料的选择是以不影响该灌溉模式的正常工作为标准。传统的一些固体复合肥或单质肥料因杂质较多或溶解速度较慢，一方面会堵塞过滤器，另一方面溶肥的过程费工费时，不利于灌溉施肥的操作。

用于灌溉施肥系统的肥料量化的指标有两个：

1. 水不溶物的含量

不同灌溉模式要求不同，滴灌情况下杂质含量越低越好，喷灌机要求低一些。

2. 溶解速度

溶解速度与搅拌、水温等有关，通常要求溶解时间不超过10分钟。如果采用液体肥料，则不存在溶解速度的问题。对肥料的其他要求：不与硬质和碱性灌溉水生成沉淀，溶肥后避免引起灌溉水pH的剧烈变化。肥料之间不能产生颉颃作用，基本没有沉淀。

用于灌溉系统的肥料，要做到：水不溶物含量低，溶解速度快。

适合用于灌溉施肥系统的肥料

氮肥：尿素、硝酸钾、硫酸铵、硝基磷酸铵、尿素硝酸铵溶液。

磷肥：磷酸一铵（工业级）、聚磷酸铵。

钾肥：氯化钾（白色）。

复混肥：水溶性复混肥。

镁肥：硫酸镁。

钙肥：硝酸铵钙、硝酸钙。

沤腐后的有机液肥：鸡粪、人畜粪尿等。

微量元素肥：硫酸锌、硼砂、螯合态微量元素肥料等。

甘蔗施肥方案的制定

测土配方施肥法

　　对于甘蔗等草本类作物而言，在一定的目标产量下需要吸收多少养分是比较清楚的，不同肥力水平的土壤能够提供的养分也有较成熟的研究结果，借助这些资料可计算具体目标产量下需要的氮、磷、钾总量。根据长期的调查，在水肥一体化技术条件下，氮的利用率为70%～80%，磷的利用率为40%～50%，钾的利用率为80%～90%，可计算出具体的施肥量，然后折算为具体肥料的施用量。

甘蔗灌溉施肥方案（亩产10吨，仅供参考）

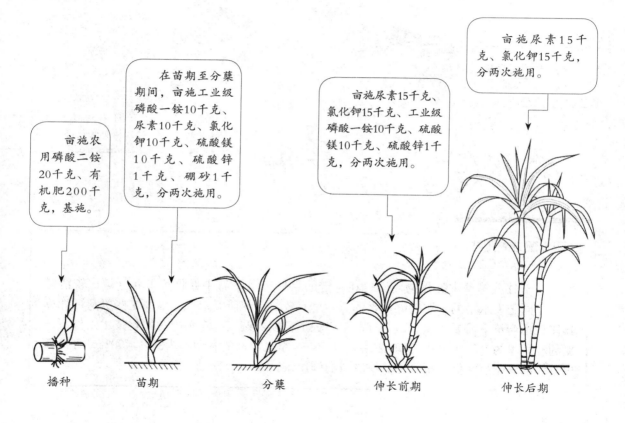

亩施尿素15千克、氯化钾15千克，分两次施用。

在苗期至分蘖期间，亩施工业级磷酸一铵10千克、尿素10千克、氯化钾10千克、硫酸镁10千克、硫酸锌1千克、硼砂1千克，分两次施用。

亩施尿素15千克、氯化钾15千克、工业级磷酸一铵10千克、硫酸镁10千克、硫酸锌1千克，分两次施用。

亩施农用磷酸二铵20千克、有机肥200千克，基施。

播种　　苗期　　分蘖　　伸长前期　　伸长后期

> 在肥料选择上，可以选择液体配方肥、磷酸一铵（工业）、硝基磷酸铵、水溶性复混肥、尿素、氯化钾等作追肥施用。
>
> 特别是液体肥料，在灌溉系统中使用非常方便。常规复合肥、缓控释肥一般作基肥施用。

总的施肥建议

1.氮肥、钾肥、镁肥可全部通过灌溉系统施用。

2.磷肥主要用过磷酸钙或农用磷酸铵作基肥施用。

3.微量元素通过叶面肥喷施。

4.有机肥作基肥用。对于能沤腐烂的有机肥也可通过灌溉系统施用。

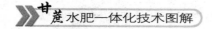

水肥一体化技术下甘蔗施肥应注意的问题

系统堵塞问题

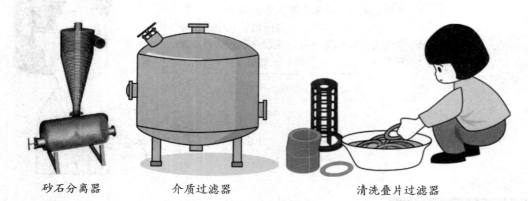

砂石分离器　　　　　　　介质过滤器　　　　　　　清洗叠片过滤器

　　如采用滴灌，过滤器是滴灌成败的关键，常用的过滤器为120目叠片过滤器。如果是取用含沙较多的井水或河水，在叠片过滤器之前还要安装砂石分离器。如果是有机物含量多的水源（如鱼塘水），建议加装介质过滤器。

　　在水源入口常用100目尼龙网或不锈钢网做初级过滤。过滤器要定期清洗。对于大面积的甘蔗地，建议安装自动反清洗过滤器。滴灌管尾端定期打开冲洗，一般1月1次，确保尾端滴头不被阻塞。一般滴完肥一定要滴清水20分钟左右（时间长短与轮灌区大小有关），将管道内的肥液淋洗掉。否则可能会在滴头处生长藻类青苔等低等植物，堵塞滴头。一些地方的灌溉水中含有较高的钙离子，当用含磷水溶肥时易与钙发生反应产生沉淀，堵塞滴头，用酸性肥料（如磷酸一铵）可以解决这一问题。相对于滴灌，喷灌对过滤的要求不是非常严格。

过量灌溉问题

防止过量灌溉。若采用滴灌，在旱季，每次灌溉时间控制在2~3小时，保证根区30厘米湿润即可；若采用喷水带，每次灌溉后保证根区湿润即可，喷水时间控制在5~10分钟；若采用喷灌机，喷灌机行走的速度要与土壤湿润层匹配。

养分平衡问题

在灌溉施肥条件下，根系生长密集、量大，且主要集中在表层或滴头附近，覆盖范围减少，对土壤的养分供应依赖性降低，更多依赖于通过滴灌提供的养分，对养分的合理比例和浓度有更高要求。

1. 如偏施尿素和铵态氮肥会影响钾、钙、镁的吸收（高氮复合肥以尿素为主），影响糖分的累积。

2. 过量施钾会影响镁、钙的吸收。

3. 磷肥施用过多也会导致缺锌症状的发生。

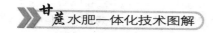
灌溉及施肥均匀度问题

特别提醒

　　设施灌溉的基本要求是灌溉均匀，保证田间每棵苗得到的水量一致。灌溉均匀了，通过灌溉系统进行的施肥才是均匀的。在田间可以快速了解灌溉系统是否均匀供水。以滴灌为例，在田间不同位置（如离水源最近和最远、管头与管尾等位置）选择几个滴头，用容器收集一定时间的出水量，测量体积，折算为滴头流量。一般要求不同位置流量的差异小于10%。

　　如果是喷水带，要按照工作压力和喷水带参数决定铺设长度。

收集水量　　　　　　　　　　　测量体积

少量多次的施肥原则

特别提醒

    甘蔗对养分的吸收是一个持续性的过程，而且不同时期对养分的吸收量和比例也各不相同，对施肥要求"少量多次"，以满足甘蔗生长发育过程中对养分的需求。

    如果通过灌溉管道"多量少次"施用，会存在很多风险。一是存在养分淋洗风险；二是太多肥料集中于根系会造成"烧"根。

    少量多次施肥，能够持续满足植株对养分的需求，并有效地提高肥料利用效率，且可避免因大量施肥导致养分失衡以及"烧"根现象的发生。当有灌溉设备后，可以根据甘蔗阶段性的需肥规律施肥，特别是满足伸长期水肥的及时供应（此时封行，人工无法施肥）。如在伸长后期补充磷、钾肥，可以使植株健壮、叶片功能延长、茎秆粗壮、糖分累积多，显著提高产量品质。

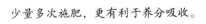

少量多次施肥，更有利于养分吸收。

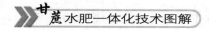

水肥一体化技术关注的核心问题

1. 安全浓度
肥料兑水施用，人为监控养分浓度，保证肥料不烧根、烧苗、烧叶。

2. 合理用量
施肥原则是少量多次，既满足了根系不间断吸收养分的要求，又避免了一次过多施肥造成的烧根及肥料淋洗损失。可以根据长势随时增加或减少施肥量。水肥一体化技术最容易做到合理用量。由于水带肥到达根部，吸收更方便、更容易，肥料利用率大幅度提高。

3. 养分平衡
作物需要多种营养，水肥一体化技术下更加强调养分的平衡和合理供应。